K. Krishnamoorthi
Manikanda Prasath Karthikeyan

Sistema de cinto de segurança para detecção de colisão em quatro rodas com liberação automática

K. Krishnamoorthi
Manikanda Prasath Karthikeyan

Sistema de cinto de segurança para detecção de colisão em quatro rodas com liberação automática

ScienciaScripts

Imprint

Any brand names and product names mentioned in this book are subject to trademark, brand or patent protection and are trademarks or registered trademarks of their respective holders. The use of brand names, product names, common names, trade names, product descriptions etc. even without a particular marking in this work is in no way to be construed to mean that such names may be regarded as unrestricted in respect of trademark and brand protection legislation and could thus be used by anyone.

Cover image: www.ingimage.com

This book is a translation from the original published under ISBN 978-620-7-64155-0.

Publisher:
Sciencia Scripts
is a trademark of
Dodo Books Indian Ocean Ltd. and OmniScriptum S.R.L publishing group

120 High Road, East Finchley, London, N2 9ED, United Kingdom
Str. Armeneasca 28/1, office 1, Chisinau MD-2012, Republic of Moldova, Europe
Printed at: see last page
ISBN: 978-620-7-61878-1

SISTEMA DE DETECÇÃO DE COLISÃO DE CINTOS DE SEGURANÇA DE QUATRO RODAS COM LIBERTAÇÃO AUTOMÁTICA

Índice

RESUMO

Nos últimos dez anos, registou-se um aumento dos acidentes de viação nas estradas, o que resultou na perda de muitas vidas devido a ferimentos graves. Para resolver este problema, os fabricantes de veículos implementaram uma combinação de sistemas de airbags e cintos de segurança de três pontos. No entanto, o sistema de cintos de segurança de três pontos tem as suas limitações. Em alguns casos, o retractor do cinto de segurança pode ficar encravado devido a uma carga ou tensão excessiva na placa de fecho e na configuração da fivela. Isto pode impedir os ocupantes de saírem rapidamente do veículo, especialmente se estiverem feridos ou se houver avarias nos componentes mecânicos. Para ultrapassar este desafio, foi proposto um sistema de libertação automática do cinto de segurança com sensor de colisão (CSSBARS). Neste sistema, o cinto de segurança do ocupante liberta-se automaticamente após um intervalo de tempo pré-determinado na sequência de um acidente, assegurando uma evacuação suave do veículo. O sistema CSSBARS tem por objetivo aumentar a segurança dos passageiros durante as colisões. Por conseguinte, sugere-se a substituição do sistema mecânico pelo CSSBARS, que possui um mecanismo de bloqueio mais fiável.

CAPÍTULO 1

1. INTRODUÇÃO

Durante a última década, registou-se um aumento significativo do número de veículos nas estradas de todo o mundo devido à crescente necessidade de deslocação para o trabalho, escola ou universidade. Na sociedade atual, de ritmo acelerado, a eficiência e a rapidez na realização das tarefas tornaram-se fundamentais. Qualquer falha ou falta de controlo nos sistemas dos veículos pode resultar em acidentes súbitos e acontecimentos infelizes. Estudos recentes sobre transportes indicam um número crescente de colisões na estrada, que provocam ferimentos graves e a perda de vidas entre os passageiros. Para resolver este problema, os fabricantes de automóveis integraram airbags e cintos de segurança como solução de segurança.

Sistema de cintos de segurança de três pontos:

Em caso de colisão ou paragem brusca, um cinto de segurança de três pontos serve como dispositivo de retenção destinado a proteger os ocupantes de um veículo. É composto por um cinto de ombro e um cinto subabdominal, fixados em três pontos no interior do automóvel: nos lados esquerdo e direito do banco e no meio do piso. O cinto subabdominal está posicionado ao longo do colo e das ancas, enquanto o cinto de ombros se destina a proteger o peito. Estes cintos de segurança foram concebidos para distribuir as forças de colisão ou de paragem brusca pelas regiões mais fortes do corpo, reduzindo assim o risco de lesões. No entanto, uma desvantagem do sistema de cintos de segurança de três pontos é a possibilidade de o retractor do cinto de segurança ficar encravado sob

4

fortes cargas aplicadas à fivela e ao mecanismo de fecho durante as colisões. Apesar desta limitação, os cintos de segurança de três pontos fazem parte integrante dos sistemas de segurança dos veículos modernos e são obrigatórios na maioria dos países para automóveis de passageiros e camiões ligeiros.

Introdução:

O sistema de cintos de segurança de três pontos é uma pedra angular da segurança automóvel moderna, revolucionando a forma como os ocupantes são protegidos nos automóveis. Desenvolvido na década de 1950 pelo engenheiro da Volvo Nils Bohlin, este sistema de retenção inovador tornou-se, desde então, equipamento de série em veículos de todo o mundo. A sua eficácia na redução de lesões e no salvamento de vidas foi amplamente documentada, tornando-o um aspeto fundamental da engenharia de segurança automóvel.

Componentes principais:

O sistema de cintos de segurança de três pontos é constituído por três componentes principais: o cinto subabdominal, o cinto de ombro e a fivela. O cinto subabdominal, posicionado ao longo da pélvis, ajuda a conter a parte inferior do corpo em caso de colisão. Entretanto, o cinto de ombros, que atravessa o tórax e o ombro, proporciona uma contenção vital da parte superior do corpo. Em conjunto, estes cintos distribuem a força do impacto por uma área maior do corpo, reduzindo significativamente o risco de lesões. A fivela de fecho funciona como mecanismo de bloqueio central, fixando os cintos no lugar durante a condução normal e libertando-os em situações de emergência.

Funcionalidade:

Em condições normais de condução, os ocupantes apertam o cinto de segurança inserindo a fivela no recetáculo e puxando o cinto ao longo do corpo. Em caso de desaceleração ou impacto súbito, o carretel de inércia do cinto de segurança bloqueia, impedindo um movimento excessivo e mantendo os ocupantes firmemente nos seus lugares. Esta ação minimiza o risco de ejeção do veículo e reduz a gravidade das lesões causadas por impactos secundários.

Eficácia:

A eficácia do sistema de cintos de segurança de três pontos no salvamento de vidas e na prevenção de lesões não pode ser exagerada. Estudos de investigação e dados de acidentes reais demonstram consistentemente o seu papel na redução da probabilidade de mortes e ferimentos graves em acidentes de viação. A adoção generalizada da legislação relativa aos cintos de segurança e as campanhas de sensibilização do público sublinham ainda mais a sua importância na promoção da segurança dos ocupantes.

Avanços:

Ao longo dos anos, o sistema de cintos de segurança de três pontos tem sido objeto de aperfeiçoamento e melhoria contínuos. Os avanços tecnológicos, como os pré-tensores e os limitadores de força, melhoram o seu desempenho, reduzindo a folga do cinto e gerindo as forças aplicadas ao corpo durante uma colisão. Além disso, os avisadores de cinto de segurança e os airbags integrados complementam o sistema, proporcionando uma camada adicional de proteção aos ocupantes.

Conclusão:

Em conclusão, o sistema de cintos de segurança de três pontos representa um avanço fundamental na tecnologia de segurança automóvel. A sua conceção simples, mas eficaz, salvou inúmeras vidas e evitou numerosos ferimentos nas estradas de todo o mundo. À medida que as normas de segurança dos veículos continuam a evoluir, o cinto de segurança de três pontos continua a ser um componente essencial, garantindo a proteção dos ocupantes em todas as viagens.

Problemas identificados:

Os acidentes rodoviários acontecem aleatoriamente na vida quotidiana. Uma vez que toda a gente precisa de um automóvel pessoal para satisfazer exigências como as deslocações para o trabalho, a escola e a universidade, verifica-se atualmente um crescimento acentuado da densidade de veículos em todo o mundo. A velocidade também surgiu como o princípio orientador do nosso período moderno para gerir e concluir tarefas. Consequentemente, pode haver casos de colisões de veículos, que são ocorrências desagradáveis e indesejáveis provocadas por uma falha ou falta de controlo do sistema. De acordo com um estudo de caso publicado pelo Governo indiano em 6th de dezembro de 2022, cerca de 1,5 lakh pessoas morrem nas estradas indianas, o que se traduz, em média, em 1130 acidentes de viação e 422 mortes que ocorrem diariamente nas estradas indianas. Os airbags e os cintos de segurança podem reduzir estas colisões não intencionais. Está provado que os cintos de segurança protegem tanto a vida do condutor como a dos passageiros. Mas, após o acidente, pode ser a causa de morte ou invalidez. Após um acidente, se o cinto de segurança e a fivela ficarem presos, o condutor não pode mover-se ou tentar desapertar a fivela. As técnicas manuais actuais sofrem do problema acima mencionado, pelo que o objetivo deste estudo é fornecer um dispositivo simples, eficiente, de preço razoável e de baixo custo para ajudar no sistema básico de deteção e desbloqueio de acidentes.

Sistema de libertação dos cintos de segurança com sensor de colisão (CSSBARS):

Introdução:

Nos últimos anos, os avanços na tecnologia de segurança automóvel têm-se concentrado em minimizar o risco de lesões durante as colisões. Uma dessas inovações é o sistema de libertação do cinto de segurança com sensor de colisão, um mecanismo sofisticado concebido para aumentar a segurança dos ocupantes dos veículos. Este sistema utiliza sensores e algoritmos inteligentes para detetar forças de colisão e libertar automaticamente os cintos de segurança, reduzindo assim a probabilidade de lesões durante os eventos de impacto.

Principais componentes e funcionamento:

O Sistema de Libertação dos Cintos de Segurança com Deteção de Colisão é composto por vários componentes essenciais, incluindo sensores de colisão, uma unidade de controlo central e actuadores electromecânicos integrados nas fivelas dos cintos de segurança. Quando uma colisão ou desaceleração súbita é detectada pelos sensores, a unidade de controlo central processa esta informação e acciona os actuadores electromecânicos para libertar os cintos de segurança. Esta resposta rápida garante que os ocupantes possam sair rapidamente do veículo em situações de emergência, minimizando o risco de ficarem presos no interior.

Integração com os sistemas de segurança dos veículos:

Para maximizar a eficácia, o sistema de libertação do cinto de segurança com sensor de colisão é frequentemente integrado com outros sistemas de segurança do veículo, como os airbags e o controlo eletrónico de estabilidade. Ao coordenar-se com estes sistemas, o mecanismo de libertação do cinto de segurança pode complementar as suas funções de proteção e fornecer uma solução de segurança abrangente para os ocupantes. Por exemplo, no caso de uma colisão grave, o sistema pode funcionar em conjunto com a ativação do airbag para otimizar a proteção dos ocupantes.

Vantagens e benefícios:

A implementação de um sistema de libertação do cinto de segurança com sensor de colisão oferece inúmeros benefícios tanto para os ocupantes do veículo como para os fabricantes. Em primeiro lugar, aumenta a segurança dos passageiros ao facilitar a saída rápida e eficiente do veículo após uma colisão, reduzindo o risco de ferimentos provocados por perigos secundários, como o fogo ou a submersão. Além disso, o sistema pode contribuir para melhorar as classificações de resistência ao choque dos veículos, aumentando o seu atrativo para os consumidores preocupados com a segurança e cumprindo os requisitos regulamentares.

Desafios e considerações:

Apesar dos seus benefícios, a implementação de um sistema de libertação do cinto de segurança com sensor de colisão apresenta alguns desafios e considerações. Garantir um desempenho fiável em vários cenários de colisão e condições ambientais é fundamental, exigindo testes rigorosos e processos de validação durante o desenvolvimento. Além disso, a compatibilidade com as arquitecturas de veículos existentes e as considerações de custo podem influenciar a adoção desta tecnologia pelos fabricantes de automóveis.

Conclusão:

O sistema de libertação do cinto de segurança com sensor de colisão representa um avanço significativo na tecnologia de segurança automóvel, oferecendo uma maior proteção aos ocupantes do veículo durante as colisões. Ao integrar sensores, actuadores e algoritmos de controlo inteligentes, este sistema permite a libertação rápida e eficaz dos cintos de segurança em situações de emergência, reduzindo o risco de lesões e melhorando a segurança geral do veículo. À medida que a tecnologia automóvel continua a evoluir, a adoção generalizada de tais características de segurança inovadoras tem o potencial de salvar vidas e reduzir o impacto dos acidentes de viação.

Âmbito e objetivo:

- Segurança melhorada:

O principal objetivo do sistema de libertação automática do cinto de segurança com sensor de colisão é aumentar a segurança do veículo, libertando automaticamente o cinto de segurança em caso de acidente. Este sistema inovador utiliza sensores e actuadores avançados para detetar forças de colisão e libertar prontamente o cinto de segurança, mesmo em situações em que os métodos convencionais podem ser ultrapassados. Ao facilitar a saída rápida do veículo, o sistema tem como objetivo minimizar o risco de lesões nos ocupantes e melhorar os resultados globais de segurança durante os acidentes. Ao contrário dos sistemas de cintos de segurança tradicionais, que dependem de mecanismos de libertação manual, a natureza automatizada do CSSBARS garante uma resposta e intervenção rápidas, podendo salvar vidas e reduzir a gravidade das lesões sofridas pelos ocupantes.

- Diminuição do perigo de ficar preso:

Uma das principais vantagens do sistema de cinto de segurança com sensor de colisão e libertação automática é a sua capacidade de reduzir o risco de os ocupantes ficarem presos no interior do veículo após um acidente. Ao libertar automaticamente o cinto de segurança após a deteção de uma colisão, o sistema permite que os condutores e passageiros saiam do veículo rapidamente e com o mínimo de ferimentos. Isto é particularmente crucial em cenários em que os sistemas de cintos de segurança convencionais podem não funcionar adequadamente, como em acidentes de capotamento ou colisões com forças de impacto significativas. A expulsão imediata do cinto de segurança reduz a probabilidade de os ocupantes ficarem presos ou imobilizados no interior do veículo, aumentando assim as suas hipóteses de sobrevivência e minimizando o potencial de danos adicionais.

- Melhore a sua paz de espírito:

A implementação do cinto de segurança com sensor de colisão e do sistema de libertação automática proporciona aos ocupantes uma maior sensação de segurança e paz de espírito enquanto viajam em veículos equipados com esta caraterística de segurança avançada. O facto de saber que o seu veículo está equipado com um sistema de segurança tão sofisticado pode incutir confiança e tranquilidade entre os passageiros, aliviando as preocupações sobre os potenciais riscos associados às viagens na estrada. Quer se desloque para o trabalho, faça recados ou embarque em viagens de longa distância, os passageiros podem ter a certeza de que o CSSBARS está a trabalhar ativamente para os proteger em caso de acidente. Esta sensação de paz de espírito contribui para uma experiência de condução mais positiva e confiante, fomentando a confiança e a lealdade para com os fabricantes de veículos que dão prioridade à segurança dos ocupantes.

- Redução da taxa global de mortalidade:

A incorporação do sistema de cintos de segurança com sensor de colisão e de libertação automática nos veículos tem o potencial de contribuir para uma redução significativa da taxa global de mortalidade resultante de acidentes rodoviários. Ao acelerar o processo de evacuação e minimizar o risco de os ocupantes ficarem presos no interior do veículo, o CSSBARS aumenta a probabilidade de sobrevivência dos indivíduos envolvidos em acidentes. Consequentemente, à medida que mais veículos adoptam esta tecnologia de segurança avançada, o efeito cumulativo na redução de mortes e ferimentos graves em toda a população torna-se substancial. Esta diminuição da taxa global de mortalidade reflecte o impacto tangível do CSSBARS na melhoria dos resultados de segurança rodoviária e na salvaguarda de vidas nas estradas.

CAPÍTULO 2

2. REVISÃO DA LITERATURA

Neste capítulo, é apresentada uma panorâmica dos trabalhos anteriores que são pertinentes para várias facetas do tema em análise.

2.1 Influência da utilização do cinto de segurança na gravidade das lesões em acidentes de viação

O estudo mostra que a não utilização do cinto de segurança aumenta significativamente o risco de lesões mortais e de várias lesões, consoante o impacto, o tipo de estrada, etc.[1].

2.2 Cintos de segurança e ferimentos em colisões rodoviárias

Reduzem os ferimentos mortais significativos, bem como a morbilidade e a mortalidade de todos os passageiros, incluindo os que se encontram nos bancos da frente e de trás, que devem usar cintos de segurança para obter o máximo de benefícios em termos de segurança. Contusões na parede do tórax ou do abdómen, fracturas da coluna lombar, perfurações intestinais e estenoses intestinais são condições provocadas pela utilização do cinto de segurança. pescoço, cabeça e tórax[2].

2.3 O cinto de segurança como causa de lesões

Os cintos de segurança protegem o ocupante durante um acidente, reduzindo o risco de ferimentos graves ou mortais em 35% a 90%. O cinto subabdominal e o cinto de segurança para a parte superior do tronco (tipo II) são utilizados nos veículos dos EUA desde 1968 e a sua eficácia é considerada significativa na prevenção de lesões graves e de mortes[3].

2.4 Lesões causadas por cintos de segurança em perspectivas médicas e estatísticas

Nem todas as lesões são causadas pelos cintos de segurança; em vez disso, muitos factores físicos e biomecânicos que afectam o desempenho do sistema de retenção/ocupante resultam em lesões[4].

2.5 Como funcionam em conjunto os airbags e os cintos de segurança em caso de colisão frontal

Neste documento, aprendemos como funciona o Sistema de Retenção Adaptativo (ARS). São ilustradas várias estratégias de conceção possíveis e os compromissos de desempenho inerentes entre várias condições de retenção e velocidades de impacto[5].

2.6 Lesões em vítimas de acidentes com veículos motorizados com cinto de segurança

O sistema de cintos de segurança de três pontos tem o inconveniente de, durante as colisões, para além de causar numerosas lesões, os dispositivos de retenção alterarem a forma como as lesões das vítimas do acidente se distribuem e, consoante a forma de restrição, as lesões distribuem-se de forma diferente[6].

2.7 Utilização do cinto de segurança e risco de lesões graves sofridas pelos ocupantes de veículos durante acidentes com veículos a motor: A Systematic Review and Meta-Analysis of Cohort Studies (Uma Revisão Sistemática e Meta-Análise de Estudos de Coorte).

Os dados sugerem que a utilização do cinto de segurança reduz o risco de alguns tipos específicos de lesões em acidentes rodoviários. Contusões da parede do tórax ou do abdómen, fracturas da coluna lombar, perfurações intestinais e estenoses intestinais são condições provocadas pelo uso do cinto de segurança. pescoço, cabeça e tórax[7].

2.8 Estudo sobre a eficácia do cinto de segurança ativo antes da colisão utilizando uma simulação controlada em tempo real

Os padrões de acidentes e os tipos de lesões dos condutores idosos estão a aumentar, com uma taxa de mortalidade de 260% e uma taxa de lesões de 380%, sendo mais provável que se lesionem com maior risco no tórax, na cabeça e no abdómen devido a colisões frontais entre veículos, nas quais os limitadores de carga devem situar-se entre 1,5 e 2,0 KN para proteger os ocupantes idosos de lesões torácicas[8].

2.9 O espetro das lesões abdominais associadas à utilização do cinto de segurança

Muitos casos relatam lesões abdominais causadas pelo cinto de segurança em acidentes de viação e também demonstram os pacientes que foram admitidos no centro de trauma após o acidente com o veículo. O trauma abdominal contuso representa um desafio diagnóstico substancial, e um exame clínico bem informado pode identificar os pacientes que requerem uma avaliação mais aprofundada[9].

2.10 Este paciente adulto tem uma lesão intra-abdominal contundente?

O exame Focused Assessment with Sonography for Trauma (FAST) utiliza a ultrassonografia à beira do leito para identificar hemorragia intra-abdominal e intrapericárdica em pacientes com trauma. Em comparação com os doentes sem cinto, os doentes com cinto apresentam uma taxa mais elevada de lesões da coluna vertebral, mas taxas mais baixas de lesões da cabeça, face, tórax, abdómen e extremidades[10].

2.11 Padrões de lesão em indivíduos com e sem cinto de segurança que se apresentam num centro de trauma após um acidente de viação: A Síndrome do Cinto de Segurança Revisitada

Uma vez que apenas os pacientes com alerta de trauma foram incluídos no estudo, a amostra foi distorcida, e a ausência de disparidades significativas em termos de lesões mostra que as informações sobre a utilização de imobilização não podem ser utilizadas para orientar a avaliação clínica[11].

2.12 Cinto de segurança com bloqueio de ignição

Neste documento descreve-se como verificar a presença de pessoas no assento utilizando um conjunto de sensores que contém muitos sensores integrados. Este sistema também avisa o veículo se um ocupante retirar o cinto de segurança quando o veículo estiver a circular a alta velocidade na autoestrada[12].

2.13 Dispositivo de cinto de segurança do veículo e método de controlo do dispositivo de cinto de segurança do veículo

Este documento refere que, quando a velocidade do veículo é inferior ao valor predominante, o retractor é ativado e bloqueia o cinto de segurança. Quando a deslocação do cinto de segurança excede o valor de deslocação normal de forma súbita, o mecanismo de bloqueio de emergência, que é o retractor, fixa o passageiro no banco[13].

2.14 Sistema de libertação automática do cinto de segurança

O sistema de cintos de segurança de três pontos depara-se com o problema de, em caso de colisão, o retractor do cinto de segurança poder ficar encravado devido a cargas pesadas colocadas na configuração da fivela e do fecho, pelo que o cinto de segurança não pode ser libertado corretamente, colocando os passageiros em risco[14].

2.15 Conceção baseada na IoT de um sistema automático de cintos de segurança para veículos

Embora o sistema de cintos de segurança de três pontos salve muitas vidas em acidentes, em certos casos improváveis pode também tirar-lhe a vida. Isto pode acontecer porque o cinto de segurança pode ficar bloqueado, fazendo com que os passageiros fiquem presos nos seus lugares. Para improvisar um mecanismo de desbloqueio do cinto de segurança de três pontos, incluindo a libertação controlada da fivela do cinto de segurança[15].

2.16 Libertação da fivela do cinto de segurança por contacto inadvertido

O fecho do cinto de segurança de um veículo automóvel solta-se durante um acidente e a maior parte da literatura tem-se centrado no tema do fecho por inércia. Este artigo de revisão aborda a libertação da fivela do cinto de segurança de um automóvel por contacto inadvertido entre o botão da fivela e outro objeto[16].

2.17 Cinto de segurança automático

Neste artigo é discutido o funcionamento do cinto de segurança automático, utilizando actuadores e sensores. Este sistema utiliza dois actuadores lineares fixados nas partes macho e fêmea do cinto de segurança. O artigo centra-se apenas no cinto de ombro, em que o cinto subabdominal é afivelado manualmente pelo ocupante. O extensor é constituído por um rolo que é utilizado para deslocar o cinto para a frente e para trás até à fivela[17].

2.18 Características de segurança dos cintos de segurança que utilizam sensores para proteger os ocupantes

Este mecanismo do cinto de segurança utiliza um sensor, um microcontrolador e um mecanismo de bloqueio, no qual o veículo não se move até que o cinto de segurança esteja bloqueado. Durante a colisão, estes sensores serão activados e a corrente será interrompida, pelo que o bloqueio do cinto de segurança será removido e o bloqueio das rodas será ativado, após o que o ocupante poderá sair do veículo sem qualquer dificuldade[18].

2.19 Cinto de segurança automático para veículos de passageiros

Os componentes fundamentais de um sistema automático de cintos de segurança são um potenciómetro, uma placa microcontroladora Arduino, um servomotor e uma guia com rolos[19].

2.20 Sistema de localização e monitorização da segurança dos veículos com deteção de álcool e sistema de controlo dos cintos de segurança

Esta situação pode ser ultrapassada e tem por objetivo reduzir os acidentes rodoviários e as mortes causadas por condução sob o efeito do álcool e por imprudência, bloqueando a ignição se o condutor estiver embriagado e libertando o cinto de segurança se o condutor o tiver usado, utilizando um sensor de álcool para detetar o álcool e um interrutor ligado por uma resistência de tração para detetar se o cinto de segurança está colocado[20].

2.21 Sistema de libertação dos cintos de segurança com sensor de colisão

No CSSBRS, é utilizada uma fivela electromagnética em vez de uma fivela mecânica convencional utilizada no sistema de cintos de segurança de três pontos. O CSSBRS é constituído por um acelerómetro, um giroscópio e uma placa de desenvolvimento, juntamente com um atuador solenoide. Um atraso de 20 s para que o impacto da colisão possa entrar em repouso[21].

2.22 Um Estudo para Prever o Processo de Produção de Cames no Corte por Plasma e no Corte por Feixe de Laser

Neste artigo, o corte por arco de plasma e o corte por feixe de laser são considerados para analisar o método eficaz para produzir uma came de coração feita de aço comercial AISI 1040 na máquina de fiação de anéis têxteis. O laser oferece-nos as melhores opções no corte de todos os metais, com um bom acabamento superficial e uma boa microestrutura[22].

3. METODOLOGIA

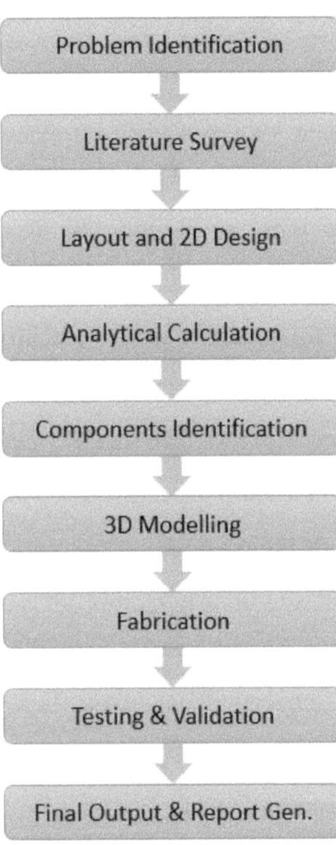

Fig 3.1 Gráfico do processo

O projeto concetual foi desenvolvido, seguido de um estudo da literatura, que foi o primeiro passo para determinar as soluções de libertação da fivela do cinto de segurança. A solução foi repetida várias vezes para encontrar o melhor método de libertação da fivela do cinto de segurança. Para escolher os componentes adequados e os seus requisitos, é necessário um cálculo analítico. A conceção ao nível dos pormenores foi depois efectuada num software de modelização para simular o funcionamento do sistema em tempo real.

Os acidentes rodoviários ocorrem aleatoriamente na vida quotidiana devido ao aumento da densidade e da velocidade dos veículos. Os airbags e os cintos de segurança podem reduzir estes acidentes, mas se o cinto de segurança ficar preso e o condutor não se conseguir mexer ou tentar desapertar a fivela, o problema é maior. Este estudo tem como objetivo fornecer um dispositivo para ajudar no sistema básico de deteção e desbloqueio de colisões.

O sistema Crash Sensing foi sugerido como solução para este problema. Os sistemas de ejeção automática dos cintos de segurança foram concebidos para ajudar os passageiros a sair de um veículo em caso de colisão ou de outra emergência, libertando automaticamente os cintos de segurança após um determinado período de tempo.

O desenho e o cálculo foram efectuados para identificar os componentes e desenvolvidos utilizando o desenho de layout 2D como um esboço. E é também utilizado para determinar as especificações dos componentes utilizados.

Após a seleção dos componentes, o modelo 3D dos componentes individuais foi modelado no SolidWorks e posteriormente montado para simular com base em condições reais.

O fabrico foi feito com base no modelo 3D concebido e foram efectuados testes/validação para melhorar o funcionamento do projeto e obter um melhor desempenho e eficiência.

Este sistema para veículos foi concebido para aumentar o conforto e a comodidade dos passageiros, desbloqueando automaticamente o mecanismo do cinto de segurança quando um passageiro está a tentar sair do veículo. Este sistema ajuda a evitar o desconforto e os inconvenientes que podem ocorrer quando os passageiros não conseguem sair do veículo devido ao facto de o mecanismo do cinto de segurança estar bloqueado.

CAPÍTULO 4

4. MATERIAL E FUNCIONAMENTO

Para concluir este projeto, foram aplicados conceitos analíticos e de design. Além disso, para investigar e aprender sobre os procedimentos envolvidos na criação de um mecanismo de remoção do cinto de segurança. Esta investigação foi realizada na Índia, utilizando revistas académicas como fontes. Mais tarde, descobriu-se que o procedimento para soltar o cinto de segurança e sair do veículo de 4 rodas era automatizado usando as seguintes partes.

MATERIAL UTILIZADO EM CSSBARS

QUADRO 4.1: Material necessário

S. NÃO	PEÇAS
1	MOTOR 12V DC
2	ACELERÓMETRO E GIROSCÓPIO
3	MÓDULO SENSOR DE VIBRAÇÕES
4	NÓ MCU ESP8266
5	RELÉ
6	REGULADOR DE TENSÃO
7	FIVELA DO CINTO DE SEGURANÇA DE TRÊS PONTOS
8	BATERIA
9	GPS (SISTEMA DE POSICIONAMENTO GLOBAL)

4.1 Motor 12v Dc

Fig 4.1 Motor DC

Um motor de 12V DC é um motor elétrico criado para funcionar com uma fonte de alimentação de 12V DC. É utilizado na domótica, na robótica e na indústria automóvel. Cada motor de corrente contínua é constituído por seis componentes básicos: o eixo, o rotor (armadura), o estator, o comutador, o(s) íman(es) de campo e as escovas. Os ímanes permanentes de alta resistência geram o campo magnético externo na maioria dos motores CC convencionais. O estator é o componente estacionário do motor, que inclui a caixa do motor e duas ou mais peças de pólos magnéticos permanentes. O rotor gira em torno do estator. O rotor é constituído por enrolamentos que são acoplados eletricamente ao comutador. As escovas, os contactos do comutador e os enrolamentos do rotor são concebidos de forma a que, quando é fornecida energia, as polaridades do enrolamento energizado e do(s) íman(es) do estator não coincidam, fazendo com que o rotor gire até ficar quase alinhado com os ímanes de campo do estator. O estator e o rotor são os dois componentes principais de um motor, com o estator a produzir um campo magnético e o rotor a acionar a carga. A armadura de ferro tem uma inércia relativamente elevada que limita a aceleração do motor. Esta construção também resulta em indutâncias de enrolamento elevadas que limitam a vida útil da escova e do comutador. Um motor de 12V DC é um motor flexível e fiável que é adequado para uma variedade de aplicações. Pode ser operado por uma gama de controladores e controladores de motor e está disponível numa série de tamanhos e especificações para satisfazer várias necessidades. Os factores importantes a considerar na seleção são o binário nominal, a velocidade e o consumo de energia do motor. Este é o principal componente utilizado neste sistema para desapertar o cinto de segurança após a deteção do acidente, utilizando o sensor de vibração e através da entrada de sinal fornecida pela MPU 6050 para o Nó MCU ESP 8266 que, por fim, envia o sinal para o interrutor de relé para acionar este motor CC.

4.2 Acelerómetro de 3 eixos e sensor giroscópio

Fig 4.2 Acelerómetro de 3 eixos e sensor giroscópio

O MPU 6050 é uma combinação de um giroscópio de três eixos e um acelerómetro de três eixos com um processador de movimento digital integrado. Em comparação com outros sensores, este sensor tem uma maior precisão. Os acelerómetros funcionam através da utilização de minúsculas estruturas micro-usinadas que são suspensas por molas no interior do sensor. Quando o sensor sofre uma força de aceleração, estas estruturas movem-se e a alteração é detectada por uma pequena corrente eléctrica. Os acelerómetros podem detetar alterações na velocidade e direção e são normalmente utilizados para detetar movimento, vibração e inclinação.

Também podem ser utilizados para medir a orientação de um objeto no espaço. A vibração causada pela rotação do sensor produz um sinal, que é depois amplificado e desmodulado para fornecer uma diferença de potencial que é proporcional ao desvio angular. Isto ajuda a determinar se ocorreu uma colisão, uma vez que um acelerómetro pode detetar a mudança abrupta na aceleração que ocorre quando ocorre uma colisão. Além disso, um acelerómetro pode avaliar o impacto de uma colisão independentemente do local de impacto.

Tabela 4.2: Especificações do Arduino Uno

Tensão de funcionamento	5 V
Tensão de entrada	12 V
Pino digital I/O	Pino n.º 13
Velocidade do relógio	16 MHz
Pinos de entrada analógica	6 pinos
DC por pinos de E/S	40 mA
Comunicação	Protocolo I2C
Gama do giroscópio (Â°/s)	Â± 250, 500, 1000, 2000
Gama de aceleração(g)	Â± 2 Â± 4 Â± 8 Â± 16

4.3 Módulo do sensor de vibração

Fig 4.3 Módulo do sensor de vibrações

O sensor de vibração SW-420 é constituído por uma pequena esfera metálica que se pode mover livremente dentro de um invólucro metálico. A esfera metálica move-se e entra em contacto com dois pinos metálicos no interior da caixa quando o sensor é sujeito a vibração ou tensão, completando um circuito elétrico. Funciona segundo o princípio da piezoeletricidade. Quando ocorre uma vibração mecânica, provoca o movimento de uma pequena massa no interior do sensor, que por sua vez comprime um cristal piezoelétrico. Esta compressão gera uma carga eléctrica que é proporcional à amplitude da vibração. Esta carga eléctrica é então amplificada e convertida num sinal utilizável. O sensor é um módulo sensor compacto e de baixo custo que pode identificar choques ou vibrações. É frequentemente utilizado em sistemas como sistemas de monitorização industrial, alarmes para automóveis e alarmes contra roubo. Em geral, o módulo de sensor de vibração SW-420 é uma solução simples e fiável para detetar vibrações ou choques numa variedade de aplicações.

4.4 Nó MCU ESP8266

Fig 4.4 Nó MCU ESP8266

O Node MCU ESP8266 é uma placa de desenvolvimento que se baseia no chip Wi-Fi ESP8266. Ao oferecer uma plataforma que é simples de ligar à Internet e programar, foi concebida para facilitar a criação de projectos IoT. O módulo Wi- Fi ESP8266 é um SOC autónomo com uma pilha de protocolos TCP/IP integrada que pode dar a qualquer microcontrolador acesso à sua rede Wi-Fi. O módulo Wi-Fi na placa Node MCU ESP8266 permite-lhe ligar-se a uma rede sem fios e comunicar com outros dispositivos online. Além disso, contém uma porta USB que pode ser utilizada para alimentação e programação. Cada módulo ESP8266 vem pré-programado com um firmware de conjunto de comandos AT, o que significa que pode simplesmente ligá-lo ao seu dispositivo Arduino e obter tanta capacidade de ligação Wi-Fi como um escudo Wi-Fi. Para programar a placa, pode utilizar o Arduino IDE, um ambiente de programação muito apreciado para desenvolver projectos baseados no Arduino, ou a linguagem de script Lua.

Algumas das características da placa Node MCU ESP8266 incluem:

- Módulo Wi-Fi incorporado; interface USB para programação e alimentação

- Compatível com o IDE Arduino e suporte para a linguagem de script Lua

- Tensão de funcionamento: 3,3V; Tensão de entrada: 7-12V

- Pinos de E/S digitais (DIO): 16; Pinos de entrada analógica (ADC): 1

- UARTs: 1, SPIs: 1, I2Cs: 1

- Memória Flash: 4 MB, SRAM: 64 KB; Velocidade de relógio: 80 MHz

- O USB-TTL baseado no CP2102 está incluído a bordo, permitindo o Plug n Play.

No geral, o Node MCU ESP8266 é um módulo de tamanho pequeno de plataforma poderosa e flexível que se adapta de forma inteligente aos seus projectos IoT. É amplamente utilizado por amadores e profissionais e é uma escolha popular para criar dispositivos domésticos inteligentes, redes de sensores e outras aplicações IoT.

4.5   Relé

Fig 4.5 Interruptor de relé

Um interrutor elétrico que é acionado por um eletroíman é designado por interrutor de relé. É frequentemente utilizado para empregar um sinal de baixa potência para operar circuitos com alta tensão ou corrente. O eletroíman e os contactos são os dois componentes principais do interrutor de relé. O eletroíman produz um campo magnético que atrai uma armadura metálica quando lhe é fornecida uma tensão. Dependendo do tipo de relé, este movimento faz com que os contactos abram ou fechem. Os interruptores de relé existem em configurações normalmente abertas e normalmente fechadas. Enquanto o relé não está electrificado, os contactos de um interrutor de relé normalmente aberto estão abertos; quando o relé é ativado, os contactos estão fechados. Um interrutor de relé normalmente fechado tem contactos que estão fechados quando o relé não está ligado, e abertos quando o relé está ligado. A corrente máxima de saída para o popular 555 timer IC é de 200mA, pelo que estes dispositivos podem alimentar as bobinas de relé diretamente sem amplificação. Isto é utilizado para acionar o motor DC de um limite para outro para desapertar o cinto de segurança fixo utilizando uma configuração de 12 volts e 20 amperes.

4.6   Regulador de tensão

Fig 4.6 Regulador de tensão 7805

O 7805 é um regulador de tensão linear que é normalmente utilizado para fornecer uma tensão de saída regulada de +5 volts DC. É um regulador de tensão popular devido à sua facilidade de utilização, baixo custo e ampla disponibilidade. É um dispositivo de três terminais que consiste numa entrada, uma saída e um pino de terra. O pino de entrada é usado para fornecer uma tensão de entrada não regulada, normalmente entre 7-3u5 volts DC. O pino de saída fornece uma tensão de saída regulada de +5 volts DC, que é normalmente utilizada para alimentar circuitos digitais ou outros dispositivos que requerem uma fonte de tensão estável. O pino de terra está ligado à terra comum do circuito. Vale a pena notar que o 7805 é um regulador linear, o que significa que regula a tensão de saída dissipando o excesso de energia sob a forma de calor. Por conseguinte, é importante ter em conta os requisitos de dissipação de energia e de dissipação de calor ao conceber circuitos que utilizam o regulador de tensão 7805. Um regulador de tensão é usado aqui para fornecer a saída desejada para os canhões DC e completar o circuito.

4.7 Cinto de segurança e fivela

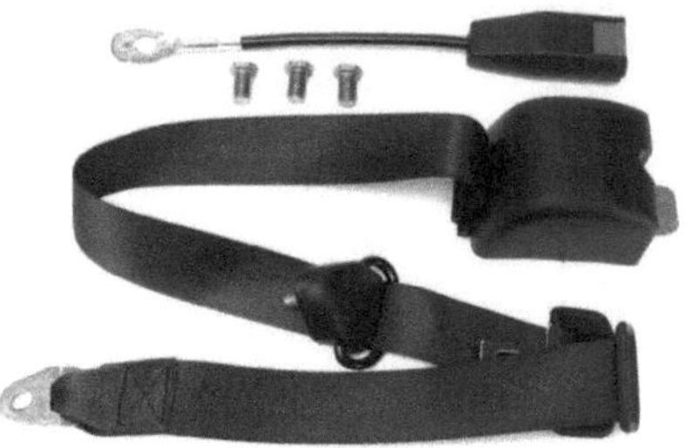

Fig 4.7 Cinto de segurança e fivela

Em caso de colisão ou paragem brusca, o cinto de segurança de três pontos é um tipo de dispositivo de retenção que se destina a manter a segurança da pessoa num automóvel. É composto por um cinto de ombro e um cinto subabdominal que são fixados ao automóvel em três locais: os lados esquerdo e direito do banco e o meio do chão. O cinto subabdominal é concebido para se ajustar ao colo e às ancas, enquanto o cinto de ombros é concebido para se ajustar ao peito. Para reduzir o perigo de lesões, os cintos de segurança de três pontos são concebidos para distribuir as forças de um embate ou de uma paragem rápida pelas zonas mais fortes do corpo. O sistema de cintos de segurança de três pontos tem, no entanto, um inconveniente, na medida em q u e , em caso de colisão, o retractor do cinto de segurança pode ficar encravado devido às fortes cargas exercidas sobre a configuração da fivela e do fecho. São um componente crucial dos sistemas de segurança dos automóveis contemporâneos e, em muitos países, são obrigatórios para a maioria dos automóveis de passageiros e camiões ligeiros.

4.8 Bateria

Fig 4.8 Bateria

Uma pilha é uma ou mais células electroquímicas que armazenam energia química e a disponibilizam sob a forma de corrente eléctrica. Existem dois tipos de pilhas, as primárias (descartáveis) e as secundárias (recarregáveis), que convertem energia química em energia eléctrica. Uma bateria de chumbo-ácido é um tipo de bateria recarregável que armazena e liberta energia eléctrica através de uma reação química. É composta por um eletrólito feito de ácido sulfúrico, um elétrodo positivo feito de dióxido de chumbo e um elétrodo negativo feito de chumbo esponjoso. Estes eléctrodos não se tocam, mas estão ligados eletricamente pelo eletrólito, que pode ser sólido ou líquido. Uma corrente eléctrica que pode ser utilizada para alimentar dispositivos electrónicos é produzida quando a pilha é carregada por uma reação química que faz com que os electrões passem do elétrodo negativo para o elétrodo positivo. O processo químico é invertido quando a pilha é descarregada, permitindo que a pilha seja recarregada através da passagem de corrente eléctrica. Esta carga e descarga de energia ocorrem no interior da bateria de acordo com o consumo de energia. A bateria utilizada é a bateria do automóvel, que é a forma mais confinada de utilizar o recurso existente do que adicionar uma carga extra no automóvel.

4.9   GPS (Sistema de Posicionamento Global)

Fig 4.9 Módulo GPS

O sistema de posicionamento global é um dispositivo. Determina a localização exacta doveículo ao qual está ligado e regista a posição do bem em intervalos regulares. Os dados de localização registados podem ser armazenados na unidade de localização ou transmitidos a uma base de dados de localização central ou a um computador ligado à Internet. Um recetor GPS e um telemóvel encontram-se lado a lado na mesma caixa, alimentados pela mesma bateria. Em intervalos regulares, o telemóvel envia uma mensagem de texto via SMS, contendo os dados do recetor GPS.

4.10   PROGRAMA

O código do programa anexado abaixo é utilizado para fazer funcionar o sistema, que pode ser validado e, em caso de alterações a implementar no sistema para tornar o circuito do sistema mais eficiente e adicionar novos componentes para obter um melhor desempenho e reduzir a perda excessiva de energia, etc.

```cpp
#define BLYNK_PRINT Serial
#include <ESP8266WiFi.h>
#include <BlynkSimpleEsp8266.h>
#define BLYNK_TEMPLATE_ID "TMPLNTD4lpyF"
#define BLYNK_DEVICE_NAME "VECHICLE ACCIDENT"
#define BLYNK_AUTH_TOKEN "MKOY81kcPf3SegbphIL9MXDaLpZs2REr"
// Your WiFi credentials.
// Set password to "" for open networks.
char ssid[] = "IOT";
char pass[] = "123456789";
char auth[] = BLYNK_AUTH_TOKEN;
#include <Wire.h>
#include <LCD_I2C.h>
LCD_I2C lcd(0x27);
#define vib D5
#define relay D6
#define accer A0
int xval,vibv;
void setup()
{
  // put your setup code here, to run once:
Serial.begin(9600);
  Wire.begin();
  lcd.begin();            //Init the LCD
  lcd.backlight();          //Activate backlight
  lcd.home();
  lcd.setCursor(0,0);
  lcd.print("VECHICLE ACCIDENT");
```

```cpp
lcd.setCursor(3,1);
lcd.print("DETECTION");
delay(2000);
lcd.clear();
pinMode(vib,INPUT);
pinMode(accer,INPUT);
pinMode(relay,OUTPUT);
  digitalWrite(relay,HIGH);
   Blynk.begin(auth, ssid, pass, "blynk.cloud", 80);
}void loop()
{
xval=analogRead(accer);
xval=map(xval,100,500,1,10);
Serial.print("xval:");
Serial.println(xval);
lcd.setCursor(0,0);lcd.print("ACCERO:");
  if(xval <= 9){lcd.print("00");lcd.print(xval);}
   else if(xval <= 99){lcd.print("0");lcd.print(xval);}
   else if(xval <= 999){lcd.print(xval); }
if(digitalRead(vib)==HIGH)
{
 vibv=1;
Serial.print("vibv:");
Serial.println(vibv);
}else
{ vibv=0;
}
if(xval<=5||vibv==1)
```

```
  {
    digitalWrite(relay,LOW);
    lcd.clear();
    lcd.setCursor(0,0);lcd.print("ACCIDENT DETECTED");
    delay(2000);
    digitalWrite(relay,HIGH);
     lcd.clear();
  }
  lcd.setCursor(11,0);lcd.print("V:");
 if(vibv <= 9){lcd.print("00");lcd.print(vibv);}
  else if(vibv <= 99){lcd.print("0");lcd.print(vibv);}
  else if(vibv <= 999){lcd.print(vibv); }
  delay(500);
  Blynk.virtualWrite(V0,xval);
   delay(100);
   Blynk.virtualWrite(V1,vibv);
   delay(100);
   Blynk.run();
}
```

FUNCIONAMENTO E CIRCUITO

O dispositivo utilizado é um motor de corrente contínua com a fivela convectiva do cinto de segurança de três pontos. Um acelerómetro, um giroscópio, uma placa de desenvolvimento NODE MCU e o motor de corrente contínua constituem o sistema de desbloqueio de emergência. Neste sistema, é utilizado um temporizador para produzir um atraso de 20 segundos, de modo a que o impacto das forças induzidas pela colisão possa entrar em repouso.

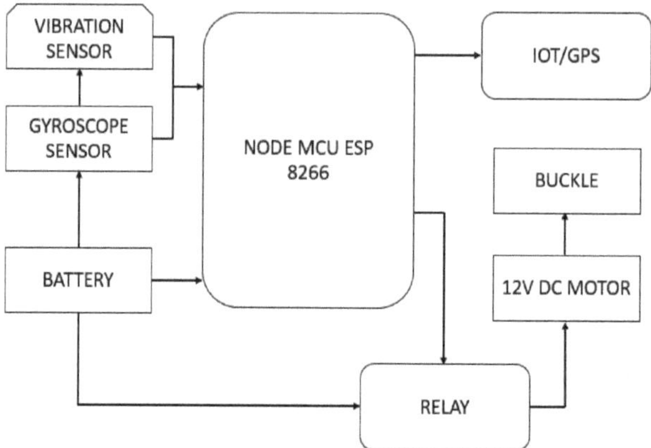

Fig 4.10 Diagrama de blocos do circuito

Introdução:

O Sistema de Libertação do Cinto de Segurança com Deteção de Colisão (CSSBARS) representa um avanço fundamental na tecnologia de segurança automóvel, concebido para reduzir o risco de lesões durante as colisões de veículos. O presente documento tem por objetivo proporcionar uma compreensão abrangente do CSSBARS, começando pela sua definição, importância no reforço da segurança dos veículos e o propósito de elucidar o seu funcionamento em profundidade.

Visão geral do CSSBARS:

O CSSBARS é um mecanismo de segurança sofisticado integrado nos veículos modernos para melhorar a proteção dos ocupantes em caso de colisão. Utiliza uma combinação de sensores, unidades de controlo e actuadores electromecânicos para detetar forças de colisão e libertar automaticamente os cintos de segurança, permitindo que os ocupantes saiam rapidamente do veículo em situações de emergência. Ao facilitar a saída rápida e reduzir o risco de aprisionamento, o CSSBARS desempenha um papel crucial na atenuação da gravidade das lesões sofridas durante as colisões.

Importância dos CSSBARS no reforço da segurança dos veículos:

No domínio da segurança automóvel, o CSSBARS tem uma enorme importância devido ao seu potencial para salvar vidas e reduzir o impacto dos acidentes de viação. Os cintos de segurança tradicionais, embora eficazes na contenção dos ocupantes durante as colisões, podem por vezes impedir uma saída rápida do veículo em situações de emergência. O CSSBARS resolve esta limitação libertando autonomamente os cintos de segurança ao detetar forças de colisão, minimizando assim o risco de os ocupantes ficarem presos no interior do veículo. Esta capacidade aumenta significativamente a segurança dos ocupantes, facilitando uma evacuação mais rápida e reduzindo a probabilidade de ferimentos provocados por perigos secundários, como incêndios ou submersão.

Sensores de colisão:

Os sensores de colisão são componentes integrais do sistema CSSBARS responsáveis pela deteção da ocorrência de uma colisão ou de uma desaceleração súbita. Estes sensores estão estrategicamente colocados em todo o veículo para monitorizar as alterações de velocidade, aceleração e forças de impacto. Podem ser utilizados vários tipos de sensores, incluindo acelerómetros, giroscópios e sensores de pressão, cada um com uma função específica na deteção precisa de eventos de colisão. Ao detetar uma colisão, os sensores de colisão transmitem dados à unidade de controlo central, desencadeando a ativação do sistema CSSBARS.

Unidade de controlo central:

A unidade central de controlo funciona como o cérebro do sistema CSSBARS, sendo responsável pelo processamento dos dados recebidos dos sensores de colisão e pela coordenação do funcionamento do sistema. É constituída por microprocessadores, memória de armazenamento e algoritmos de controlo programados para analisar os dados dos sensores e tomar decisões rápidas relativamente à libertação do cinto de segurança. A unidade de controlo central determina a gravidade do acidente com base nos dados dos sensores e calcula o momento e a intensidade adequados para libertar os cintos de segurança. Além disso, pode incorporar algoritmos avançados para distinguir entre diferentes tipos de colisões e dar prioridade à libertação dos cintos de segurança em conformidade.

Actuadores electromecânicos:

Os actuadores electromecânicos são os componentes responsáveis pela libertação física dos cintos de segurança em resposta a sinais da unidade central de controlo. Estes actuadores estão integrados nas fivelas dos cintos de segurança e são concebidos para engatar ou desengatar o mecanismo de bloqueio mediante comando. Dependendo da conceção do sistema CSSBARS, os actuadores electromecânicos podem utilizar vários mecanismos, tais como solenóides, motores ou cilindros pneumáticos, para libertar os cintos de segurança de forma rápida e fiável. Os actuadores são concebidos para resistir a forças de colisão e assegurar a libertação imediata dos cintos de segurança para facilitar a saída dos ocupantes do veículo.

Funções de cada componente do sistema CSSBARS:

➢ Sensores de colisão: Detecta eventos de colisão ou desaceleração súbita através da monitorização de alterações na velocidade, aceleração e forças de impacto.

➢ Unidade de controlo central: Processa os dados dos sensores de colisão, analisa a gravidade da colisão e coordena a libertação do cinto de segurança com base em algoritmos pré-determinados.

➢ Actuadores electromecânicos: Recebem sinais da unidade de controlo central e libertam fisicamente os cintos de segurança para facilitar a saída dos ocupantes em caso de colisão.

Diagramas e ilustrações:

A incorporação de diagramas e ilustrações é essencial para ajudar a compreender os componentes do CSSBARS e as suas interacções. As representações visuais podem ajudar a clarificar o posicionamento dos sensores de colisão no veículo, a disposição da unidade central de controlo e a integração de actuadores electromecânicos nas fivelas dos cintos de segurança. Os diagramas podem também ilustrar o fluxo de dados e sinais de controlo entre componentes, realçando o funcionamento sequencial do sistema CSSBARS durante um acidente. Ao fornecer ajudas visuais, os leitores podem compreender melhor o funcionamento complexo do CSSBARS e apreciar o seu papel no reforço da segurança dos veículos.

Funcionamento do CSSBARS durante um evento de colisão

O funcionamento do CSSBARS durante um evento de colisão envolve uma série de passos coordenados, desde a deteção inicial das forças de colisão por sensores até à libertação rápida dos cintos de segurança por actuadores electromecânicos. Cada componente desempenha um papel crucial para garantir a segurança dos ocupantes e facilitar a saída rápida do veículo em situações de emergência.

Deteção de forças de colisão por sensores:

1. O processo começa com a ativação de sensores de colisão estrategicamente posicionados em todo o veículo.

2. Estes sensores monitorizam continuamente as alterações de velocidade, aceleração e forças de impacto, procurando indicações de uma colisão ou de um evento de desaceleração súbita.

3. Ao detectarem um impacto significativo, os sensores de colisão transmitem prontamente sinais de dados à unidade central de controlo, assinalando a ocorrência de um evento de colisão.

Processamento dos dados dos sensores pela unidade de controlo central:

4. Ao receber os dados dos sensores de colisão, a unidade central de controlo entra em ação, iniciando o processamento e a análise dos dados dos sensores.

5. Algoritmos sofisticados programados na unidade central de controlo avaliam a gravidade do acidente com base na magnitude e na duração das forças detectadas.

6. A unidade central de controlo avalia vários factores, como a velocidade do veículo, a direção do impacto e as posições dos ocupantes, para determinar a resposta adequada para a libertação do cinto de segurança.

Ativação de actuadores electromecânicos para libertar cintos de segurança:

7. Quando a unidade central de controlo determina a necessidade de libertar o cinto de segurança, envia comandos aos actuadores electromecânicos

integrados nas fivelas dos cintos de segurança.

8. Os actuadores electromecânicos engatam prontamente, desengatando o mecanismo de bloqueio dos cintos de segurança e permitindo que os cintos se retraiam livremente.

9. Esta rápida ativação dos actuadores electromecânicos assegura a libertação atempada dos cintos de segurança, permitindo que os ocupantes saiam do veículo de forma rápida e segura no rescaldo de um acidente.

Considerações sobre a resposta rápida e a segurança dos ocupantes:

10. Os sistemas CSSBARS são concebidos tendo em vista uma resposta rápida e a segurança dos ocupantes, dando prioridade a uma saída rápida do veículo para minimizar o risco de ferimentos ou de aprisionamento.

11. Algoritmos de controlo avançados na unidade central de controlo optimizam o momento e a intensidade da libertação dos cintos de segurança, assegurando um equilíbrio entre uma resposta rápida e a retenção dos ocupantes durante as fases iniciais de uma colisão.

12. Além disso, os sistemas CSSBARS podem incorporar características de segurança redundantes e mecanismos à prova de falhas para aumentar a fiabilidade e o desempenho em diversos cenários de colisão.

Ao integrar na perfeição a deteção de colisões, o processamento de dados e as funções de libertação dos cintos de segurança, os sistemas CSSBARS aumentam a segurança do veículo, proporcionando aos ocupantes os meios para evacuar o veículo de forma rápida e eficiente em situações de emergência.

O CSSBARS não funciona de forma isolada, mas interage sinergicamente com outras características avançadas de segurança do veículo para otimizar a proteção dos ocupantes em caso de colisão. Esta secção apresenta uma visão geral da forma como o CSSBARS se integra com os principais sistemas de segurança, tais como airbags, controlo eletrónico de estabilidade (ESC) e sistema de travagem antibloqueio (ABS), juntamente com exemplos de funcionamento coordenado e a importância de uma integração perfeita para o desempenho global da segurança do veículo.

Airbags:

➢ Os airbags funcionam como sistemas de retenção suplementares aos cintos de segurança, proporcionando proteção adicional aos ocupantes durante colisões frontais, laterais ou capotamentos.

➢ O CSSBARS pode coordenar-se com os sistemas de acionamento dos airbags para otimizar a proteção dos ocupantes. Por exemplo, numa colisão frontal grave, o CSSBARS pode iniciar a libertação do cinto de segurança ligeiramente antes ou em simultâneo com a ativação do airbag, para garantir que os ocupantes estão devidamente seguros enquanto os airbags amortecem o impacto.

➢ Ao trabalhar em conjunto com os airbags, o CSSBARS aumenta a segurança dos ocupantes, minimizando o risco de ferimentos provocados por impactos secundários e assegurando que os ocupantes permanecem corretamente posicionados para que o airbag seja eficaz.

Controlo Eletrónico de Estabilidade (ESC):

➢ O ESC é uma caraterística de segurança concebida para ajudar os condutores a manter o controlo do veículo durante manobras de direção extremas ou condições de estrada escorregadias.

➢ O CSSBARS pode comunicar com os sistemas ESC para antecipar e responder a cenários de colisão iminente. Por exemplo, se o ESC detetar uma perda de controlo iminente que possa conduzir a uma colisão, o CSSBARS pode pré-tensionar os cintos de segurança ou preparar a libertação rápida dos cintos de segurança para atenuar a gravidade dos ferimentos dos ocupantes.

➢ Ao integrar-se com o ESC, o CSSBARS contribui para a estabilidade global do veículo e para a proteção dos ocupantes, preparando-se preventivamente para potenciais colisões.

Sistema de travagem anti-bloqueio (ABS):

➢ O ABS evita o bloqueio das rodas durante a travagem, permitindo ao condutor manter o controlo da direção e reduzir as distâncias de travagem em superfícies escorregadias.

➢ O CSSBARS pode coordenar-se com o ABS para otimizar a proteção dos ocupantes durante as manobras de travagem de emergência. Por exemplo, se o ABS detetar uma desaceleração súbita indicativa de uma colisão iminente, o CSSBARS pode pré-tensionar os cintos de segurança para minimizar o movimento dos ocupantes e maximizar a eficácia do ABS na redução da gravidade da colisão.

➢ Ao sincronizar-se com o ABS, o CSSBARS aumenta a segurança global do veículo, assegurando que os ocupantes são adequadamente retidos durante as situações de travagem de emergência.

Importância de uma integração perfeita:

➢ A integração perfeita dos CSSBARS com outras características de segurança é fundamental para maximizar o desempenho global de segurança do veículo.

➢ Ao coordenar-se com os airbags, ESC, ABS e outros sistemas de segurança, o CSSBARS optimiza a proteção dos ocupantes numa vasta gama de cenários de colisão, desde impactos frontais a colisões laterais e capotamentos.

➢ Além disso, a integração perfeita garante que o CSSBARS funcione harmoniosamente com as arquitecturas de veículos e protocolos de segurança existentes, mantendo a fiabilidade e a eficácia em situações de colisão no mundo real.

➢ Em última análise, a integração perfeita dos CSSBARS com outras características de segurança aumenta a resistência geral dos veículos a choques, reduzindo a probabilidade e a gravidade das lesões sofridas pelos ocupantes durante as colisões.

O CSSBARS oferece uma multiplicidade de benefícios que contribuem para aumentar a segurança dos veículos e reduzir a gravidade das lesões sofridas pelos ocupantes em caso de colisão. Esta secção apresenta uma análise exaustiva dos benefícios oferecidos pelo CSSBARS, incluindo o aumento da segurança dos ocupantes, a melhoria das classificações de resistência à colisão, a conformidade com os regulamentos de segurança e estudos de casos reais que demonstram a sua eficácia na redução de lesões e mortes.

Segurança dos ocupantes melhorada:

➢ O CSSBARS aumenta significativamente a segurança dos ocupantes, facilitando a saída rápida e eficiente do veículo em situações de emergência.

➢ Ao libertar automaticamente os cintos de segurança ao detetar forças de colisão, o CSSBARS minimiza o risco de os ocupantes ficarem presos no interior do veículo, reduzindo a probabilidade de ferimentos provocados por perigos secundários, como incêndios, submersão ou inalação de fumo.

➢ A saída rápida possibilitada pelo CSSBARS garante que os ocupantes possam evacuar o veículo de forma rápida e segura, aumentando as suas hipóteses de sobrevivência e reduzindo a gravidade das lesões sofridas durante e após um acidente.

Melhoria das classificações de resistência à colisão:

➢ O CSSBARS contribui para melhorar as classificações de resistência ao choque dos veículos, melhorando a proteção dos ocupantes e reduzindo a gravidade das lesões sofridas nos testes de colisão.

➢ Os veículos equipados com CSSBARS demonstram um desempenho superior nas avaliações de resistência à colisão efectuadas por autoridades reguladoras e organizações de segurança independentes.

➢ As classificações mais elevadas de resistência à colisão não só aumentam a confiança dos consumidores na segurança dos veículos, como também impulsionam a procura de veículos equipados com características de segurança avançadas, como os CSSBARS, levando a uma maior adoção e penetração no mercado.

Cumprimento das normas de segurança:

➢ O CSSBARS garante a conformidade com os rigorosos regulamentos e normas de segurança exigidos pelas autoridades reguladoras em todo o mundo.

➢ Ao integrarem CSSBARS nos seus veículos, os fabricantes demonstram o seu empenho em dar prioridade à segurança dos ocupantes e em cumprir ou exceder os requisitos regulamentares em matéria de proteção contra acidentes.

➢ O cumprimento dos regulamentos de segurança melhora a reputação dos fabricantes e promove a confiança entre os consumidores, impulsionando as vendas e a fidelidade à marca.

Estudos de casos e estatísticas do mundo real:

➢ Os estudos de casos reais e os dados estatísticos fornecem provas irrefutáveis da eficácia das CSSBARS na redução de ferimentos e mortes em cenários de acidentes reais.

➢ A análise dos dados relativos a acidentes com veículos equipados com CSSBARS revela uma redução significativa da gravidade das lesões sofridas pelos ocupantes em comparação com os veículos sem CSSBARS.

➢ As estatísticas compiladas a partir de investigações de acidentes, pedidos de indemnização de seguros e registos médicos demonstram o potencial das CSSBARS para salvar vidas na prevenção de mortes e na redução da incidência de ferimentos graves em acidentes rodoviários.

Desafios e desenvolvimentos futuros no CSSBARS

Desafios enfrentados na implementação do CSSBARS:

Fiabilidade em vários cenários de colisão:

➢ Um dos principais desafios na implementação do CSSBARS é garantir a sua fiabilidade e eficácia em diversos cenários de colisão.

➢ Os CSSBARS devem detetar e responder com precisão a diferentes tipos de colisões, incluindo impactos frontais, colisões laterais e capotamentos, tendo em conta as variações na dinâmica do veículo e no posicionamento dos ocupantes.

➢ São necessários testes rigorosos e procedimentos de validação para avaliar o desempenho das CSSBARS numa vasta gama de condições de colisão e garantir uma fiabilidade consistente em cenários reais.

Compatibilidade com as arquitecturas de veículos existentes:

➢ A integração das CSSBARS nas arquitecturas dos veículos existentes representa outro desafio significativo, em especial para os veículos com diferentes concepções e processos de fabrico.

➢ A instalação posterior de CSSBARS em modelos de veículos mais antigos ou em veículos com espaço limitado e restrições estruturais pode exigir modificações para acomodar o sistema sem comprometer a segurança ou a funcionalidade do veículo.

➢ As questões de compatibilidade com os mecanismos dos cintos de segurança, os sistemas electrónicos e os componentes interiores existentes devem ser abordadas para garantir uma integração perfeita e um desempenho ótimo dos CSSBARS em diferentes plataformas de veículos.

Considerações sobre os custos para uma adoção generalizada:

➢ As considerações de custo constituem um obstáculo significativo à adoção generalizada dos CSSBARS, em especial nos segmentos de veículos de entrada de gama e económicos.

➢ As despesas adicionais associadas à integração dos CSSBARS nos modelos de veículos, incluindo a tecnologia de sensores, as unidades de controlo e os actuadores electromecânicos, podem ter impacto no preço e na acessibilidade dos veículos para os consumidores.

➢ Os fabricantes devem equilibrar a aplicação das CSSBARS com soluções rentáveis para garantir que as melhorias de segurança permaneçam acessíveis a um amplo espetro de consumidores sem comprometer a rentabilidade ou a competitividade do mercado.

Futuros desenvolvimentos e avanços na tecnologia CSSBARS:

Integração com sistemas de condução autónoma:

➢ A integração de CSSBARS com sistemas de condução autónoma representa uma via promissora para o desenvolvimento futuro, permitindo capacidades avançadas de prevenção e atenuação de colisões.

➢ Os CSSBARS podem colaborar com tecnologias de condução autónoma para antecipar e responder a potenciais cenários de colisão em tempo real, aumentando a segurança geral do veículo e a proteção dos ocupantes.

➢ Ao aproveitar os dados dos sensores a bordo e dos sistemas de comunicação veículo-veículo, o CSSBARS pode otimizar o tempo de libertação do cinto de segurança e a coordenação para reduzir a gravidade das colisões em ambientes de condução autónoma.

Capacidades melhoradas dos sensores para a deteção preditiva de colisões:

➢ Os avanços na tecnologia de sensores têm o potencial de melhorar as capacidades de previsão do CSSBARS, permitindo a deteção precoce e o aviso de colisões iminentes.

➢ Os sensores da próxima geração, com sensibilidade, resolução e precisão melhoradas, podem detetar alterações subtis na dinâmica do veículo e nas condições ambientais, fornecendo sinais de aviso avançados para ativar preventivamente o CSSBARS.

➢ As capacidades de deteção preditiva de colisões permitem que o CSSBARS inicie acções de pré-tensão ou de libertação dos cintos de segurança antes do início de uma colisão, maximizando a proteção dos ocupantes e reduzindo a probabilidade de lesões.

Colaboração com as partes interessadas do sector para promover a

inovação:

➢ A colaboração com as partes interessadas da indústria, incluindo fabricantes de automóveis, fornecedores, agências reguladoras e instituições de investigação, é essencial para enfrentar os desafios e impulsionar a inovação na tecnologia CSSBARS.

➢ Ao promover parcerias e iniciativas de partilha de conhecimentos, as partes interessadas podem reunir recursos, conhecimentos e melhores práticas para acelerar o desenvolvimento e a implementação de soluções CSSBARS.

➢ Os esforços de colaboração podem facilitar a normalização das directrizes de implementação das CSSBARS, promover a interoperabilidade entre diferentes plataformas de veículos e assegurar o alinhamento com a evolução dos regulamentos de segurança e das normas da indústria.

Em conclusão, embora o CSSBARS ofereça um potencial significativo para aumentar a segurança dos veículos e reduzir a gravidade dos ferimentos em caso de colisão, é necessário enfrentar vários desafios para obter todos os seus benefícios. Ao ultrapassar os problemas de fiabilidade, ao assegurar a compatibilidade com as arquitecturas de veículos existentes e ao abordar as questões de custo, os fabricantes podem abrir caminho para a adoção generalizada da tecnologia CSSBARS. Além disso, futuros desenvolvimentos e avanços, como a integração com sistemas de condução autónoma, capacidades melhoradas dos sensores e esforços de inovação em colaboração, prometem aumentar ainda mais a eficácia e a aplicabilidade das CSSBARS para melhorar as normas de segurança dos veículos e salvar vidas na estrada.

De um modo geral, o CSSBARS oferece um conjunto abrangente de benefícios que não só aumentam a segurança dos ocupantes e a resistência ao choque dos veículos, como também garantem a conformidade com os regulamentos de segurança e proporcionam reduções tangíveis de ferimentos e mortes em cenários de colisão reais. Ao dar prioridade à adoção do CSSBARS e de outras tecnologias de segurança avançadas, os fabricantes, os reguladores e os consumidores podem trabalhar em conjunto para criar estradas mais seguras e reduzir o número de vítimas dos acidentes rodoviários.

O funcionamento do CSSBARS é mostrado com a ajuda de um diagrama de blocos, como se mostra em. Em primeiro lugar, um sensor de vibração é um sistema que detecta uma mudança súbita na inércia do carro causada por uma colisão e transmite um sinal ao controlador. O giroscópio avalia a orientação do veículo e alerta o controlador quando o alinhamento é estável. O controlador retarda a receção do sinal do giroscópio e liberta o cinto de segurança quando o período de tempo pré-determinado tiver passado. No motor de corrente contínua, a entrada de corrente é dada e será activada no momento adequado, fazendo com que o cinto de segurança se solte após um determinado intervalo de tempo após o impacto da colisão. Para evitar que o ocupante sofra uma lesão no pescoço ou no ombro, o controlador é feito de forma a não libertar o cinto de segurança até que a orientação do carro esteja numa posição segura. O sistema é continuamente monitorizado pelo microcontrolador para garantir que está a funcionar corretamente. Se forem detectadas quaisquer falhas, o sistema envia um alerta ao condutor.

CAPÍTULO 5

5. RESULTADOS E DISCUSSÃO

5.1 CÁLCULO DA FORÇA DE IMPACTO

- Em que a massa considerada do automóvel com o passageiro no seu interior é de 1900 kg.
- O intervalo de velocidade nominal em que o automóvel deve circular para a libertação dos airbags é de 20 m/s.
- A distância mínima para a zona de deformação do automóvel é de 1 m.
- A gama de impacto para a ativação dos airbags nos automóveis é considerada entre 155 KN e 235 KN.

Cálculo

$$F = \frac{\frac{1}{2}\, m\, v^2}{d} \tag{1}$$

$$= \frac{\frac{1}{2}\,(1900)\,(20)^2}{(1)}$$

$$= 3800000 \text{ N}$$

$$F = 380 \text{ KN}$$

5.2 CÁLCULO DO BINÁRIO

- A força exercida para desapertar o cinto de segurança é de 800 N.
- O raio da armadura é de 0,05 m.

Onde,

F= força de impacto (N)

m = massa (Kg)

v = velocidade do veículo (m/s)

d = distância da zona de deformação (m)

Cálculo

$$\text{Torque } (T) = F*r \tag{2}$$

$$= 800 * 0.05$$

$$T = 40 \text{ Nm}$$

Onde,
T = binário (Nm)

F = força (N)

r = raio da armadura (m)

5.3   CÁLCULO DO TRABALHO EFECTUADO

* Velocidade a que o motor está a funcionar
* Binário calculado

Cálculo

$$\text{Work done } (W.\,D) = \frac{2\,\pi\,N\,T}{60} \tag{3}$$

$$= \frac{2*3.14*30*40}{60}$$

$$= \frac{7536}{60}$$

$$W.\,D = 125.6 \text{ watt}$$

Onde,

W, D = trabalho efectuado (watt)

N = velocidade da armadura (rpm)

T = binário (Nm)

6. CONCEPÇÃO E FABRICO

Fig 6.1 Vista isométrica do conjunto

Fig 6.2 Vista isométrica 3D do conjunto

Fig 6.3 Vista lateral

Fig 6.4 Fivela 3D

Fig 6.5 Vista isométrica do motor CC

Fig. 6.6 Vista isométrica do retractor

Fig 6.7 Modelo 3D do cinto de segurança

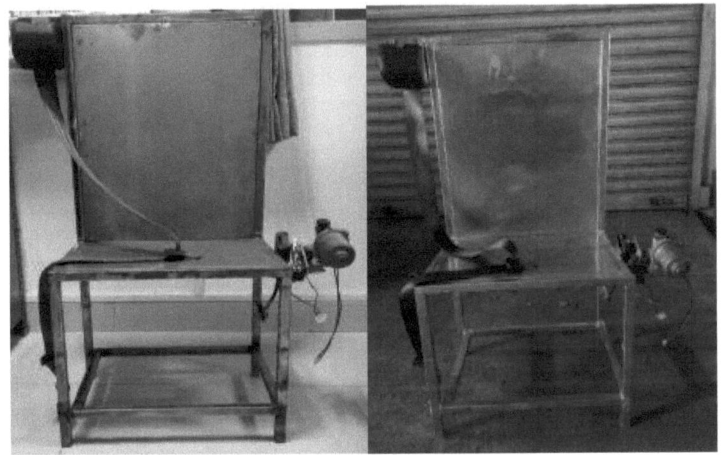

Fig 6.8 Montagem (protótipo)

CAPÍTULO 7

7.   LISTA DE MATERIAIS

S.NO	NOME DO COMPONENTE	QUANTIDADE	MONTANTE
1	MOTOR 12 V CC	01	1100
2	6 V BATERIA	02*450	900
3	DISPOSIÇÃO DOS CINTOS DE SEGURANÇA	01	900
4	NÓ MCU	01	550
5	PLACA DE RELÉ 12V 20 AH	02	800
6	PLACA DE CIRCUITO IMPRESSO PRINCIPAL DA MCU DO NÓ	01	1500
7	FONTE DE ALIMENTAÇÃO	01	450
8	SENSOR DE VIBRAÇÃO	01	250
9	SENSOR DO ACELERÓMETRO	01	450
10	INTERRUPTOR DE LIMITE	02	100
11	CUSTO DO MATERIAL (FOLHA MS, TUBO MS)	-	3500
12	CUSTO DE MAQUINAGEM	-	1200
13	**TOTAL**		**11700**

CAPÍTULO 8

8. CONCLUSÃO

Tem havido mais acidentes de viação na estrada, que resultaram na morte de muitos passageiros; uma das causas é que o cinto de segurança não pode ser libertado porque a fivela mecânica está defeituosa, a fivela e a placa de fecho estão presas como resultado de um peso pesado, o que limita a capacidade de movimento dos ocupantes após um acidente. Consequentemente, o sistema CSSBARS é uma abordagem moderna e inovadora para aumentar a segurança e a comodidade dos passageiros. O CSSBARS foi criado com o objetivo de garantir a segurança dos passageiros em todos os momentos, e quando determina que o carro está numa posição segura, liberta automaticamente o cinto de segurança. Atualmente, o sistema foi concebido de acordo com os resultados obtidos a partir dos cálculos efectuados. Os principais objectivos deste sistema são evitar causar danos graves aos ocupantes e ultrapassar os inconvenientes da atual fivela mecânica de três pontos. Embora o sistema ofereça várias vantagens, como maior segurança dos passageiros, ativação automática e opções de personalização, há também potenciais desvantagens a considerar, como a falsa ativação, a complexidade do sistema, os requisitos de manutenção e os problemas de compatibilidade.

Em geral, o sistema de cinto de segurança automático com sensor de vibração e acelerómetro pode ser um complemento valioso para muitos veículos, mas é importante considerar cuidadosamente as necessidades e requisitos específicos de cada veículo antes de implementar o sistema. A manutenção e os testes adequados podem ajudar a garantir um funcionamento preciso e fiável, e podem ajudar a reduzir o risco de avarias ou riscos de segurança para os passageiros.

9. REFERÊNCIAS

[1]   J. D. Febres, S. García-herrero, S. Herrera, J. M. Gutiérrez, e M. A. Mariscal, "Influence of seat-belt use on the severity of injury in traffic accidents," vol. 5, 2020.

[2]   A. K. Abbas, A. F. Hefny, e F. M. Abu-zidan, "Seatbelts and road traffic collision injuries," World J. Emerg. Surg., vol. 6, no. 1, p. 18, 2011, doi: 10.1186/1749-7922- 6-18.

[3]   R. G. Snyder e R. G. Snyder, "The Seat Belt as a Cause of Injury," vol. 53, no. 2, 1970.

[4]   R. Bandstra, C. Y. Warner, S. Monoghan, e D. Macpherson, "No Title," vol. 1957, 1996.

[5]   Y. C. Deng, "How air bags and seat belts work together in frontal crashes", SAE Tech. Pap., 1995, doi: 10.4271/952702.

[6]   A. Emerg e M. July, "Injuries in Restrained Motor Vehicle Accident Victims", 1994.

[7]   N. F. Mbarga, A. Abubakari, L. N. Aminde, e A. R. Morgan, "Seatbelt use and risk of major injuries sustained by vehicle occupants during motor-vehicle crashes : a systematic review and meta-analysis of cohort studies," pp. 1-11, 2018.

[8]   J. Keun e K. Wook, ESTUDO SOBRE A EFICÁCIA DOS CINTOS DE SEGURANÇA ACTIVOS PRÉ-CASH UTILIZANDO A SIMULAÇÃO CONTROLADA EM TEMPO REAL.

[9]   "rutledge1991.pdf."

[10] D. K. Nishijima, D. L. Simel, D. H. Wisner e J. F. Holmes, "CLINICIAN ' S CORNER Does This Adult Patient Have a Blunt Intra-abdominal Injury ? CENÁRIOS CLÍNICOS", 2012.

[11] R. S. Porter, "P atterns of Injury in Belted and Unbelted Individuals Presenting to a Trauma Center After Motor Vehicle Crash : Seat Belt Syndrome Revisited", no. outubro de 1998.

[12] H. Shah, K. Patel, N. Patel, N. Patel e R. Patel, "Ignition Interlocking Seat Belt", pp. 2005-2011, 2020.

[13] R. Cited, F. Application, e P. Data, "(12) United States Patent," vol. 2, no. 12, 2013.

[14]   D. Vivekanandan and K. Rufus, "Automatic Seatbelt Release System," vol. 5, no. 2, pp. 544-552, 2018, [Online]. Disponível: http://iaetsdjaras.org/

[15]   N. Jeyakkannan, N. V. Hareesh e N. S. Nikhil, "Projeto baseado em IoT de sistema de cinto de segurança automático para veículos", 2021 8th Int. Conf. Smart Comput. Commun. Artif. Intell. AI Driven Appl. a Smart World, ICSCC 2021, no. julho, pp. 230-234, 2021, doi: 10.1109/ICSCC51209.2021.9528114.

[16]   D. Davee, C. Raasch, M. Moralde, e W. W. Van Arsdell, "Seat belt buckle release by inadvertent contact," SAE Tech. Pap., n.º 724, 2008, doi: 10.4271/2008- 01-1236.

[17]   B. A. Vijayakumar, R. Balaji, P. Dhanushraj e P. Inbaraj, "Automatic Seatbelt," vol. 9, n.º 1, pp. 1197-1204, 2022.

[18]   S. D. R. Bhardwaj e S. R. Jogdhankar, "Características de segurança dos cintos de segurança utilizando sensores para proteger o ocupante", Int. Rev. Appl. Eng. Res., vol. 4, no. 4, pp. 349-354, 2014.

[19]   T. Nadu, P. Sensor, I. Sensor e C. Sensor, "Cinto de segurança automático para veículos de passageiros", 2016.

[20]   O. Rane, "Vehicle safety tracking and monitoring system with alcohol detection and setbelt control system", vol. 11, n.º 1, pp. 200-204, 2020.

[21]   S. Jaggi, D. Jaggi, e P. K. Rohilla, "Crash Sensing Seat Belt Release System BT
- Recent Advances in Mechanical Engineering", 2021, pp. 607-613.

[22]   S. Balasubramanian, R. Thirumalai, e R. Kumaravelani, "Um estudo para prever o processo de produção de cames no corte por plasma e no corte por feixe laser," Int. J. Mech. Prod. Eng. Res. Dev., vol. 8, no. Edição Especial 7, pp. 274-280, 2018.

Printed by Books on Demand GmbH, Norderstedt / Germany